Moritz Timm

# Der Weg der ostdeutschen Landwirtschaft von 1945 bis zum Transformationsprozess nach der Wende

GRIN Verlag

**Bibliografische Information der Deutschen Nationalbibliothek:**

Die Deutsche Bibliothek verzeichnet diese Publikation in der Deutschen National-
bibliografie; detaillierte bibliografische Daten sind im Internet über http://dnb.d-
nb.de/ abrufbar.



**Impressum:**

Copyright © 2005 GRIN Verlag GmbH
Druck und Bindung: Books on Demand GmbH, Norderstedt Germany
ISBN: 978-3-640-11961-5

**Dieses Buch bei GRIN:**

http://www.grin.com/de/e-book/110583/der-weg-der-ostdeutschen-landwirtschaft-
von-1945-bis-zum-transformationsprozess

# Der Weg der ostdeutschen Landwirtschaft von 1945 bis zum Transformationsprozess nach der Wende

von

Moritz Timm

Humboldt Universität zu Berlin

Landwirtschaftlich-Gärtnerische Fakultät

Institut für Wirtschafts- und Sozialwissenschaften des Landbaus

Modul Agrarpolitische Projektwerkstatt WS 2004/05

Fachgebiet Agrarpolitik

Schriftlicher Seminarbeitrag zum Thema:

# Der Weg der ostdeutschen Landwirtschaft von 1945 bis zum Transformationsprozess nach der Wende

Moritz Timm
Studiengang:
Agrarwissenschaften (BSc),
5. Semester

04.03.2005

Inhaltsverzeichnis:

## I. Einleitung

Fahren wir, aus dem Westen kommend, durch die neuen Bundesländer, fällt ein Unterschied sofort ins Auge. Die großen Flächen. Gerade aus Süddeutschland kommend ist der Reisende klein strukturierte landwirtschaftliche Flächen und den Bauernhof als Familienbetrieb gewöhnt und erfährt nun eine ganz andere Art der Landbewirtschaftung. Ein erheblich größerer Teil der landwirtschaftlichen Nutzfläche wird im Osten Deutschlands von Großbetrieben bewirtschaftet und auch die Familienbetriebe weisen eine sehr viel höhere Flächenausstattung auf.

Der Entstehung dieser Betriebsstrukturen nachzugehen, ist das Ziel dieser Arbeit. Zum einen werde ich die Entstehung der großflächigen Strukturen in der DDR darstellen um dann auf Probleme bei der Umgestaltung nach der Wende zu kommen.

Das Thema gliedert sich sowohl in zwei chronologische Abschnitte, nämlich die Ausgangssituation nach dem Krieg 1945 und die Kollektivierungsphase in der DDR, im wesentlichen abgeschlossen 1960, auf der einen Seite, und die Zeit nach 1989, als das sozialistische System in der Landwirtschaft dem marktwirtschaftlichen der BRD angepasst werden musste, auf der anderen Seite. Inhaltlich gliedert sich das Thema anhand der Besitzverhältnisse am Boden, zum einen das Land in Privatbesitz, welches von den Bauern mehrheitlich in die Landwirtschaftlichen Produktionsgenossenschaften (LPG) eingebracht wurde, und zum anderen das Volkseigentum, was größtenteils durch die Enteignungen im Zuge der Bodenreform in der sowjetischen Besatzungszone (SBZ) an den Staat fiel und zum Teil neu verteilt wurde.

Also werde ich erst die Entstehung des Volkseigentums behandeln um dann die Entwicklung zur kollektivierten Landwirtschaft und den großen Flächen und Betrieben zu schildern. Im zweiten Teil werde ich den Weg der LPGen nach der Wende aufzeigen um dann abschließend noch zu behandeln, was zur selben Zeit und bis heute aus den volkseigenen Flächen geworden ist.

## II. Die Bodenreform in der Sowjetischen Besatzungszone und die Kollektivierung der Landwirtschaft in der DDR

Um eine Vorstellung zu bekommen von dem Land bzw. den Flächen um die es im folgenden gehen wird möchte ich einleitend kurz die Situation in der Sowjetischen Besatzungszone im Jahr 1945 darstellen. Wenn es auch im Folgenden hauptsächlich um politische und wirtschaftliche Entscheidungen geht erscheint es mir an dieser Stellen trotzdem angebracht, eine kurze Einführung in die Agrarstruktur und die Bodenverhältnisse zu geben, wobei sich natürlich primär die Besitz- und Bearbeitungsstrukturen bis heute mehrfach und stark verändert haben.

In der sowjetischen Besatzungszone waren 77% der Landwirtschaftlichen Nutzfläche Ackerland, in den westlichen Besatzungszonen waren es nur 60%. Die Bevölkerungsdichte war geringer. Auf 100 ha Landwirtschaftliche Nutzfläche kamen 27 Personen, während es in den westlichen Besatzungszonen 32 Personen waren. Zusätzlich waren die Böden von überdurchschnittlicher Ertragskraft, was sich belegen lässt anhand der Hektarerträge der Jahre 1935/38 im Vergleich der Gebiete der späteren DDR zu denen der späteren BRD. Diese zeigen, dass der Ertrag von Weizen, Gerste, Hafer und Kartoffeln auf dem Gebiet der späteren DDR höher sind als im restlichen Teil Deutschlands. Lediglich die Erträge der Zuckerrübe liegen darunter, was mit den 100 bis 150 Millimeter niedrigerem durchschnittlichen Jahresniederschlag erklärt wird. (Henning 1988, S. 230-232)

Zur Struktur der Landbewirtschaftung ist besonders hervorzuheben, dass der Anteil der Landwirtschaftlichen Nutzfläche, der von Betrieben bewirtschaftet wurde, die mehr als 100 ha bewirtschafteten, wesentlich höher war als in den westlichen Besatzungszonen. Geschichtlich bedingt gab es sowohl eine Grenze von West nach Ost, die in etwa durch den Verlauf der Elbe beschrieben wird, als aber auch deutliche Unterschiede zwischen Nord und Süd, was primär am vorherrschenden Realteilungsrecht im Erbfall lag, welches in Süddeutschland vorherrschte.[1] Was den Anteil Großbetriebe angeht, so war er nur in den ehemaligen Ostgebieten, also östlich von der sowjetischen Besatzungszone und späteren DDR, noch höher. Bernd Klages spricht von einem durchschnittlichen Anteil von etwa 28% der landwirtschaftlichen Nutzfläche, die von Betrieben größer 100 ha bewirtschaftet wurde. Diese

---

[1] Realteilung bedeutet, dass im Erbfall der Hof geteilt wird und jedes Kind oder jeder Sohn einen Teil erhält; im Gegensatz Anerbenrecht, bei dem der Hof als gesamte betriebliche Einheit vererbt wird

Zahl variiert in verschiedenen Darstellungen, was aber in jedem Fall hervorgehoben werden kann ist, dass der Anteil Großbetriebe in der sowjetischen Besatzungszone größer war als in den westlichen Besatzungszonen. Der Anteil von Betrieben dieser Größenordnung machte dort nur etwa 5% aus.(Klages 2001, S.97 f.) Klages verweist auch auf die Unterschiede zwischen besonders dem nördlichsten Land Mecklenburg-Vorpommern, wo der Anteil Betriebe dieser Größenordnung etwa 40% betrug, und den Ländern Sachsen und Thüringen, wo deren Anteil nur etwas über 10% lag.

Im Jahr 1939 betrug der Privatanteil an der Landwirtschaftlichen Nutzfläche auf dem Gebiet der heutigen neuen Bundesländer 87% und nur 5% waren Eigentum von Reich und Ländern.(Klages 2001, S. 99 f.) Der Pachtanteil lag zum selben Zeitpunkt bei 15%, wobei der überwiegende Teil Betriebspachten waren, das heisst, dass der Betrieb als Ganzes zur Bewirtschaftung gepachtet war und nicht einzelne Flächen. In Westdeutschland betrug der Pachtanteil 11%.


**1. Die Entstehung des Volkseigentums und die Schaffung kleinbäuerlicher Betriebe**


Nach der Kapitulation Nazideutschlands wurde das Land in vier Besatzungszonen aufgeteilt. Die amerikanische, die englische und die französische Besatzungszone nahmen den westlichen Teil Deutschlands ein, der später zur Bundesrepublik Deutschland (BRD) wurde, während die sowjetische Besatzungszone im Osten Deutschlands zur Deutschen Demokratischen Republik (DDR) wurde. Auch Berlin war in vier Besatzungszone aufgeteilt und wurde im Ostteil zur Hauptstadt der DDR und im Westteil zur selbstständigen politischen Einheit Westberlin.


Am 5. Juni 1945 wurde der Alliierte Kontrollrat konstituiert, der über Fragen entscheiden sollte, die Deutschland als ganzes betreffen.(Klages 2001, S. 102) Es wurden Alliierte Vereinbarungen getroffen, die im wesentlichen zwei Punkte beinhalteten. Zum einen sollte das deutsche Wirtschaftspotential entmilitarisiert und Reparationszahlungen an die Siegermächte geleistet werden. Zum anderen sollte der Großgrundbesitz und das Großkapital aufgelöst sowie die deutsche Wirtschaft  dezentralisiert werden. Zur Umsetzung dieser Vereinbarungen hat es unter den Siegermächten jedoch keine gemeinsamen Konzepte gegeben.(Paffrath 2004, S. 50 f.) Bevor ich nun zu den theoretischen Grundlagen und dann zur Umsetzung der Enteignungen in der sowjetischen Besatzungszone komme, möchte ich noch anmerken, dass aufgrund der oben genannten alliierten Vereinbarungen später immer wieder die Forderung russischer Seite gegenüber den anderen Besatzungsmächten laut wurde, die Enteignungen in den westlichen Besatzungszonen genauso konsequent durchführen.(Klages 2001, S. 101) Gleichzeitig gab es bereits im Herbst 1945 Kritik sowohl amerikanischer als auch englischer Seite an den entschädigungslosen und pauschalen Enteignungen in der sowjetischen Besatzungszone. An dieser Stelle wird also schon die Unterschiedlichkeit der Ziele der westlichen und der sowjetischen Besatzungsmächte in Bezug auf die Zukunft Deutschlands deutlich.


### *1.a Die sozialistische Theorie und die Durchführung der Bodenreform*

Im Folgenden möchte ich kurz, primär anhand einiger Zitate, auf die sozialistische Agrartheorie eingehen, die sowohl in Russland 1917 die Enteignung allen landwirtschaftlichen Bodens und dessen Verteilung an die Bauern sowie der folgenden Kollektivierung im Jahre 1928 begründete, als auch Grundlage war für die „demokratische Bodenreform" in der sowjetischen Besatzungszone 1945-49.[2] Im ersten Zitat beschreibt Lenin in wenigen Worten das Ziel um dann im zweiten Zitat den Weg darzustellen:

*„Die Nationalisierung des Bodens, das heisst die Aufhebung des Privateigentums am Boden und die Überführung des Bodens in das Eigentum des proletarischen Staates, ist eine der wichtigsten Maßnahmen der sozialistischen Revolution."[3]*

*„Zunächst unterstützen wir bis zum Ende, mit allen Mitteln, bis zur Konfiskation, den Bauern überhaupt gegen den Gutsherrn; danach unterstützen wir das Proletariat gegen den Bauern überhaupt."[4][5]*

Karl Marx spricht in seinen Theorien von der „*Erbsünde des Privateigentums an Produktionsmitteln*" (Paffrath 2004, S. 56) und legt damit den Grundstein zur Kollektivierung und Vergesellschaftung der Wirtschaft. Mit der Landwirtschaft als gesondertem Teil der Wirtschaft hat er sich kaum explizit beschäftigt, beschreibt aber in wenigen Lehrsätzen, dass die Agrarproduktion den außerlandwirtschaftlichen Gewerbezweigen mit einer zeitlichen Verzögerung folgt, sobald die Gesellschaft die erforderlichen Produktionsmittel entwickelt und zur Verfügung gestellt hat. Den Grund sieht er darin, dass die landwirtschaftlichen Klein- bzw. Familienbetriebe der Konkurrenz kapitalistischer Agrarbetriebe unterliegen müssten.

---

[2] Klages, Bernd (2001); S.103, nach Krebs
[3] aus: Paffrath, Constanze (2004); S.59
[4] ebd.
[5] Konfiskation = entschädigungsloser Entzug von Eigentum

Er vergleicht sie mit den Handwerksbetrieben, die der maschinellen Produktion in Fabriken unterlegen waren. Als Folge dieser doch eher kurz gefassten gedanklichen Grundlagen zielen die Agrarprogramme der meisten sozialistischen Parteien auf die Vergesellschaftung von Grund und Boden. (Krebs 1989, S. 6)

Christian Krebs stellt den Vergleich mit der Realität an und kommt zu dem Schluss, dass seit Einführung der Statistik im Deutschen Reich 1882 gerade die kleinbäuerlichen Betriebe (Familienbetriebe, die eine Fläche zwischen 5 und 20 Hektar bewirtschaften) prosperierten. Das ist genau die Gruppe von Betrieben, die Marx als grundsätzlich existenzunfähig beschreibt. In Deutschland hält dieser Prozess etwa bis 1950 an, während interessanterweise in derselben Zeit die Anzahl von Betrieben, die eine Fläche größer 100 Hektar bewirtschafteten, rückläufig war.(Krebs 1989, S. 7)

Die „demokratische Bodenreform", wie sie in der sowjetischen Besatzungszone durchgeführt worden ist, hat sicherlich verschiedene Gründe. Die theoretischen Grundlagen der sozialistischen Agrartheorie kann man wohl als Rahmen betrachten. Es hat aber auch noch andere Erklärungen oder Rechtfertigungen gegeben, wovon die möglicherweise bedeutendste das Argument der „Entnazifizierung" gewesen ist. Constanze Paffrath stellt heraus, dass dieses Argument nicht deswegen eine so starke Legitimation erhielt, weil wirklich alle oder der größte Teil der Großgrundbesitzer während der Nazidiktatur das System gestützt hätten, sondern vielmehr deswegen, weil der Marxismus den Faschismus als Klassenphänomen sieht und somit die Möglichkeit erhält, eine Klasse, wie die der Großgrundbesitzer, pauschal für den Nationalsozialismus verantwortlich zu machen.(Paffrath 2004, S. 60) Weiterhin belegt findet sich das Argument der „Entnazifizierung" auch in den zwischen dem 2. und 13. September 1945 in allen fünf neu gegründeten Ländern der sowjetischen Besatzungszone erlassenen Bodenreformgesetzen.(Hening 1988, S. 232) Dazu möchte ich den Artikel 1 der Verordnung über die Bodenreform in Sachsen Anhalt vom 3. September 1945 zitieren:
*„Die Bodenreform muss die Liquidierung des feudal – junkerlichen Großgrundbesitzes gewährleisten und der Herrschaft der Junker und Großgrundbesitzer im Dorf ein Ende setzen, weil diese Herrschaft immer eine Bastion der Reaktion und des Faschismus in unserem Lande darstellte und eine der Hauptquellen der Aggression und der Eroberungskriege gegen andere Völker war."*[6]

---

[6] Klages, Bernd (2001); S.101 f.

Als weiterer Grund wurde aufgeführt, die Bodenreform sei notwendig um die Flüchtlinge aus dem Osten zu integrieren und die Ernährung der Bevölkerung zu sichern. Gemeint mit Flüchtlingen sind Deutsche, die in Gebieten gelebt haben, die nach dem Krieg nicht wieder Deutschland zugesprochen wurden und die somit einen Flüchtlingsstrom bildeten, der in allen vier Besatzungszonen aufgenommen wurde

.

### *1.b Durchführung der demokratischen Bodenreform*

Zur Durchführung der Bodenreform ist erstens zu sagen, dass ein Bodenfonds geschaffen wurde, der aus der landwirtschaftlichen Nutzfläche (sowie auch Forstflächen) bestand, die sich bereits zum Zeitpunkt der Durchführung in Staatseigentum befand (etwa 0,6 Millionen Hektar landwirtschaftliche Nutzfläche[7]) sowie dem Land, das im Zuge der Bodenreform enteignet worden ist. Zweitens ist zu sagen, dass es prinzipiell zwei Gruppen von Betrieben gegeben hat, die enteignet wurden. Die erste Gruppe waren pauschal alle Betriebe, die eine Fläche bewirtschafteten, die 100 Hektar überstieg. Das betraf etwa 7100 Betriebe mit einer durchschnittlichen Fläche von 380 Hektar. Insgesamt fielen so etwa 2,6 Millionen Hektar landwirtschaftlicher Nutzfläche an den Bodenfonds. Die zweite Gruppe waren Betriebe von „Nazigrößen und Kriegsverbrechern[8]", also auch jene Betriebe, die kleiner waren als 100 Hektar. Betroffen waren etwa 4500 Betriebe mit durchschnittlich 30 Hektar landwirtschaftlicher Nutzfläche. Das ergab noch mal etwa 0,13 Millionen Hektar, die an den Bodenfonds fielen.(Henning 1988, S. 232 f.)

Daraus ergeben sich (0,6+2,6+0,13=3,33) ungefähr 3,3 Millionen Hektar, wobei diese Angaben in verschiedenen Quellen variieren. Es ist heute schwierig, die genauen Geschehnisse aus der Zeit nachzuvollziehen, da auch die Quellenangaben unvollständig sind. Eigentum, insbesondere Eigentum am Boden, verlor im späteren Verlauf der DDR zunehmend an Bedeutung, weswegen auch diesbezügliche Aufzeichnungen fehlerhaft sein müssen.


Aus dem Bodenfonds wurde im folgenden wieder Land verteilt. Bewerben konnten sich alle, die kein Land oder nur sehr wenig Land besaßen. 2,2 Millionen Hektar landwirtschaftliche Nutzfläche wurden vergeben. Davon 1,7 Millionen Hektar an ungefähr 200000 Neubauern, das heisst Menschen, die zuvor kein Land besessen hatten. Unter ihnen waren auch 90000 Flüchtlinge aus den Ostgebieten, die so die Möglichkeit erhielten, sich auf dem Land eine neue Existenz aufzubauen. Im Durchschnitt erhielten sie Flächen in der Größe von 8,5 Hektar.

---

[7] Henning, Friedrich-Wilhelm (1988); S.232 f.
[8] Klages, Bernd (2001); S.106

Die restlichen 0,5 Millionen Hektar gingen an etwa 335000 Landarme, die durchschnittlich 1,5 Hektar dazuerhielten.(Henning 1988, S. 232 f.)

Im Grunde hatten nun viele Menschen die Möglichkeit erhalten, sich nach dem Krieg eine neue oder bessere Existenz aufzubauen. Aus der eher großflächig strukturierten Landwirtschaft Ostdeutschlands waren kleinstrukturierte Flächen geworden, die überwiegend als Familienbetrieb bewirtschaftet wurden. Teilweise kam es auch zu Problemen. Beispielsweise konnte die Ausnutzung der Maschinen, die für große Flächen konzipiert waren, nur uneffizienter erfolgen als vormals in den Großbetrieben. Insgesamt war die Faktorausstattung eher gering. Es fehlten Maschinen, Saatgut und oft auch Wissen, was dazu führte, dass viele Neubauernbetriebe wieder aufgegeben wurden. Das Land fiel an den Bodenfonds zurück und wurde mitunter auch neu verteilt. Auch das und schlechte Buchführung im Nachkriegsdeutschland machen es heute schwer, die genauen Zahlen zu ermitteln.


Was noch wichtig zu verstehen ist, ist dass das Land aus dem Bodenfonds der Gesellschaft als ganzes gehörte, die durch den Staat vertreten wurde. Das Land sollte dem Volk nützen. Und so wurden die Eigentumsrechte eingeschränkt. Vor allem wurden sie an die Bewirtschaftung gekoppelt. Das heisst, das Land wurde zwar grundbuchlich übertragen, jedoch fiel es per Gesetz wieder an den Staat (also an das Volk) zurück, wenn der neue Eigentümer es nicht bewirtschaftete (und damit der Volksernährung diente). Des weiteren durfte das Land auch nicht verkauft oder verpfändet werden.

Das im Bodenfonds verbliebene Land (über 1 Millionen Hektar) blieb Volkseigentum. Aus ihm wurden die Volkseigenen Güter (VEG) und Volkseigenen Betriebe (VEB) geschaffen. Sie waren staatlich-sozialistische Landwirtschaftsbetriebe, die sich zukünftig primär der Saatguterzeugung, der Sorten- und Tierzucht widmeten und die Landwirtschaft dadurch mit Vorleistungen versorgten.(Henning 1988, S. 232 f.)


### 1.c Die „zweite Entgeignungswelle" ab 1952

Im Jahr 1949 wurde die DDR gegründet und ab 1952 der Aufbau sozialistischer Produktionsverhältnisse vorangetrieben.(Henning 1988, S. 236) Die SED beschloss, wie ich im nachfolgenden Kapitel genauer darstellen werde, die Schaffung von Landwirtschaftlichen Produktionsgenossenschaften (LPG) und damit die Kollektivierung der Bauern als Staatsziel. Die folgenden Ereignisse wurden in der Literatur auch als „zweite Enteignungswelle" bezeichnet. Zwar wurden keine Landwirte mehr enteignet, weswegen man dieses Wort nicht verwenden dürfte, jedoch wurden Wirtschafts- und Ablieferungsauflagen eingeführt, deren Höhe mit zunehmender Betriebsgröße pro Hektar stieg. Das heisst, wieder wurden die verbliebenen Großbauern benachteiligt. Besonders begünstigt wurden die neu entstehenden LPGen.(Klages 2001, S. 108) Wenn die Auflagen nicht erfüllt wurden, wobei anzumerken ist, dass Bernd Klages in Betracht zieht, dass sie möglicherweise gar nicht erfüllbar waren, wurde das als Wirtschaftsstraftat gewertet und als „Sabotage" bezeichnet. Dazu an dieser Stelle ein Zitat von Walter Ulbricht im Dezember 1952:

*„Eine Anzahl von Großbauern, die Todfeinde der Volksmacht sind, haben die Anweisungen der amerikanischen und englischen Feinde unseres Volkes durchgeführt und den Anbauplan und die Ablieferung sabotiert."*[9]

Die Folge dieser Maßnahmen, begleitet von politischen und gesellschaftlichen Umwälzungen in jener Zeit, war die Flucht vieler Bauern. Insbesondere die verbliebenen Großbauern, die von den Maßnahmen ja am stärksten betroffen waren, verließen ihre Höfe. Viele gingen in den Westen. Ihr Land wurde Volkseigentum und ist somit auch ein Bestandteil der Problematik der Vermögensauseinandersetzung nach der Wende. Während zwar das gesamte Land in Volkseigentum fiel, hat es jedoch nicht immer eine grundbuchliche Eintragung als solches erhalten. Wo keine Grundbuchänderung vorgenommen wurde war die Rückgabe nach der Wende weitestgehend unstrittig. Insgesamt betroffen waren 240000 Betriebe mit einer durchschnittlichen Größe von 29 Hektar, was insgesamt einen Zugewinn an Volkseigentum von etwa 0,7 Millionen Hektar macht. Somit kommt man auf etwa 1,8 Millionen Hektar Volkseigentum insgesamt.

Das neu hinzugewonnene Land wurde entweder in die VEG / VEB integriert oder später den LPGen zur Nutzung überlassen.(Klages 2001, S. 108)


## 2. 1952 bis 1960, die Zeit des planmäßigen Aufbaus des Sozialismus

In diesem Kapitel möchte ich darstellen, wie die Betriebs- und Bewirtschaftungsverhältnisse entstanden sind, die wir 1990 in der DDR vorfanden und die es dann zu reformieren galt.

---

[9] Krebs, Christian (1989), S. 158

Ich werde also den Weg in die kollektivierte Landwirtschaft beschreiben, die im wesentlichen 1960 abgeschlossen war.[10] Danach hat es zwar noch einige Veränderungen gegeben, jedoch war das Ziel der Aufhebung der kleinbäuerlichen Einzelbetriebe erreicht.


### *2.a Der Weg ins Kollektiv*

Im Jahr 1952 wurde bei der 2. Parteikonferenz der SED die Bildung von LPGen offiziell als Ziel bekanntgegeben.(Henning 1988, S. 238) Als Argument wurde angegeben, was wir nun schon aus der Agrartheorie von Karl Marx kennen, dass der bäuerliche Einzelbetrieb auf die objektiven Grenzen der kleinen Warenproduktion gestoßen sei.(Bayer 2003, S. 27 f.) Das wirkte insofern schlüssig, als ja vorher staatliche Vorgaben für die Produktion geschaffen wurden, die für private und insbesondere für große Betriebe hoch waren und oft nicht erfüllt werden konnten.

Die Bauern wurden jedoch nicht in die Genossenschaften gezwungen, vielmehr wurden Anreize geschaffen, die es attraktiv machen sollten, das eigene Land, Inventar und die eigene Arbeitskraft einzubringen. Als „staatlich-sozialistische Betriebe" wurden Maschinen-Traktoren-Stationen (MTS) geschaffen, bei denen sich die LPGen, aber auch die privaten Bauern Maschinen und landwirtschaftliches Gerät zur Nutzung ausleihen konnten. Dabei wurden jedoch die Privatbauern gegenüber den Kollektiven benachteiligt, was es ihnen schwieriger machte, effiziente Landwirtschaft zu betreiben. Ausserdem erhielten private Bauern weniger Düngemittel, Futtermittel, Saatgut usw., was ja größtenteils staatlich produziert und vertrieben wurde.(Henning 1988, S. 236 f.)

Insbesondere die Familienbetriebe wirtschafteten anfangs trotzdem oft besser als die neu gegründeten LPGen, während die Neubauernbetriebe, also jene Menschen, die Land aus der Bodenreform erhalten hatten, oft Mangel an Erfahrung, aber auch an Inventar hatten und insgesamt unökonomischer wirtschafteten. Das führte dann zu der interessanten Situation, dass es primär für die Neubauern einen Vorteil bedeutete, sich genossenschaftlich zu organisieren. Und so stellten 1952/53 Neubauernbetriebe 74% der LPG-Mitglieder, was zur Konsequenz hatte, dass anfangs primär dort großbetriebliche Strukturen in der Landwirtschaft entstanden, wo eben diese einige Jahre zuvor im Zuge der Bodenreform in der SBZ zerschlagen und aufgeteilt worden waren.(Klages 2001, S. 107)

---

[10] Henning, Friedrich-Wilhelm (1988); S. 238

Als Folge der sich nur langsam vollziehenden Kollektivierung auf dem Lande, Anfang 1960 wurden noch ungefähr die Hälfte der landwirtschaftlichen Nutzfläche privat bewirtschaftet (Klages 2001, S. 114), beschloss die SED auf ihrem 5. Parteitag im Jahre 1958 „den Sieg der sozialistischen Produktionsverhältnisse zu erringen". Konkret sollte die Kollektivierung bis 1961 abgeschlossen sein.(Bayer 2003, S. 29) 1960 gab es dann eine Agitationswelle, die auch als „sozialistischer Frühling" bezeichnet wird und dazu führte, dass innerhalb von drei Monaten 450000 Einzelbauern den LPGen beitraten bzw. LPGen bildeten. Sie brachten insgesamt eine Fläche von 2,5 Millionen Hektar landwirtschaftlicher Nutzfläche in die genossenschaftliche Nutzung ein.(Klages 2001, S. 114) Bis zum 14. April des Jahres 1960 meldeten alle Bezirke der DDR den erfolgreichen Abschluss der Eingliederung der selbstständigen Bauern in die LPGen, was in der DDR-Literatur auch als „Bauernbefreiung" bezeichnet wird.(Henning 1988, S, 238)

Durch den schnellen Beitritt so vieler Bauern zu LPGen kam es anfangs zu organisatorischen Problemen. Es wurden vielerorts zwei LPGen gegründet und so kam es in den Folgejahren immer wieder zu Zusammenschlüssen. Ab 1975/76 wurden dann die LPGen in Produktionsrichtungen getrennt, also gab es danach immer mehr LPGen, die sich allein um Pflanzenproduktion kümmerten (LPG-P), während andere die Tierproduktion übernahmen (LPG-T). Da die LPG-P den weit größeren Teil der landwirtschaftlichen Nutzfläche bewirtschafteten, fiel somit teilweise die Landeinbringung in eine Genossenschaft nicht mehr mit der Mitgliedschaft in derselben zusammen.(Klages 2001, S. 114)
Nach der schnellen Kollektivierung 1960 gab es in der DDR 19300 LPGen.(Bayer 2003, S. 2)
In Folge der Zusammenschlüsse sowie der Differenzierung in Produktionsrichtungen verringerte sich deren Anzahl bis 1989 auf etwa 4000.(Klages 2001, S. 115)

### 2.b Warum der Umweg?

Kurz möchte ich nun der Frage nachgehen, warum dieser Weg über die Bodenreform, also die Zerschlagung von Großbetrieben und Schaffung kleinbäuerlicher Strukturen gegangen wurde. Die Frage ist insofern berechtigt als es nach der Bodenreform zu Effizienzverlusten in der landwirtschaftlichen Produktion gekommen ist. Die kleinen Strukturen konnten den effizienten Maschineneinsatz nicht gewährleisten. Gerade die enteigneten Großbetriebe verfügten über Gerät, das zur Anwendung auf kleinen Schlägen ungeeignet war. Außerdem war die Landvergabe größtenteils ohne Eignungsprüfung erfolgt, was sicherlich auch an der besonderen Situation der Nachkriegszeit gelegen hat.

Prinzipiell sollte es wohl erst mal darum gehen, das System schnell zu kippen und den Menschen auf dem Land eine Perspektive zu geben.(Klages 2001, S. 105)

Interessanterweise war es die CDU die nach den Enteignungen den Vorschlag gemacht hat, die Flächen vorläufig kollektiv zu bewirtschaften, um eben diese Effizienzverluste zu vermeiden.[11]

Mögliche Gründe finden wir zum einen in der weiter oben zitierten Agrartheorie von Lenin sowie dem Vorbild Russlands, wo nach der Revolution alles Land enteignet und verteilt wurde um es dann gut zehn Jahre später zu kollektivieren. Weitere und konkretere Gründe könnten gewesen sein, dass es zum einen notwendig war, die heimatlos gewordenen Flüchtlinge aus den Ostgebieten unterzubringen, zumal man nicht wusste, wie sich diese Bevölkerungsgruppe zukünftig verhalten würde.(Henning 1988, S. 235) Zum anderen konnte eine befürchtete negative Einstellung der ländlichen Bevölkerung gegenüber kommunistischen Ideen erst nach der Etablierung der kommunistischen Herrschaft ungefährlich werden oder auch, freundlicher ausgedrückt, konnte man hoffen, die Bodenreform und Landverteilung an Kleinbauern würde eine solche negative Einstellung ändern. In der Tat könnte man auch vermuten, dass die Schaffung der Kleinbetriebe zumindest auch dem Zweck dienen sollte, zur späteren Kollektivierung hinreichende Unterstützung zu haben,(Bayer 2003, S. 28) was sich zumindest für die Neubauernbetriebe auch als zutreffend erweisen sollte. Letztendlich denke ich aber, dass der Hauptgrund ganz einfach darin bestand, dass man davon ausging, die Menschen würden die Vorteile der Kollektivierung begreifen und freiwillig LPGen bilden, wenn der Staat nur geeignete Rahmenbedingungen schüfe. Man wollte die Vorteile für alle, wollte die Menschen aber eigentlich nicht zwingen. Das Leitbild waren sozialistisch-genossenschaftliche Betriebe, jedoch keinesfalls sozialistisch-staatliche.(Henning 1988, S. 235)


### *2.c Die Organisation in der LPG und die Bildung genossenschaftlichen Vermögens*

Für die DDR hatte die SED ein Konzept der stufenweisen Kollektivierung geschaffen, das es so in Russland nicht gegeben hatte. Den Bauern wurden drei LPG-Typen angeboten, die sich in ihrem Kollektivierungsgrad unterschieden. Bereits 1952 wurden erste Rechtsgrundlagen geschaffen, in denen sowohl die Musterstatuten für die drei LPG-Typen als auch die Einbringungspflichten der Mitglieder festgelegt wurden.(Bayer 2003, S. 29) Die drei LPG-Typen charakterisiert Henning wie folgt:

---

[11] Klages, Bernd (2001); S. 105, nach Krebs

*LPG-Typ1* war der Typ LPG, der den größten Freiraum für private landwirtschaftliche Tätigkeit ließ. Lediglich die Feldwirtschaft wurde genossenschaftlich betrieben. Folglich war das Ackerland in die LPG einzubringen. Weiterhin musste zur Ackerbewirtschaftung vorhandenes Inventar der LPG zur Nutzung überlassen werden, während es jedoch Eigentum des privaten Landwirtes blieb. Jede Form von Viehwirtschaft wurde weiterhin privat betrieben, was beinhaltete, dass Grünland in privater Bewirtschaftung blieb. Auch Dauerkulturen wurden nicht Teil des genossenschaftlichen Vermögens. Jedoch konnte auf der Mitgliederversammlung der LPG mit einem Mehrheitsbeschluss entschieden werden, dass auch Grünland und Dauerkulturen einzubringen waren.

*LPG-Typ2* war als Übergang zur Vollkollektivierung gedacht, fand aber in der Praxis kaum Umsetzung. Der Unterschied zum Typ 1 bestand zum einen darin, dass landwirtschaftliches Inventar eingebracht werden musste und genossenschaftliches Eigentum wurde. Zum anderen, was wohl den bedeutenderen Unterschied darstellte, sollte eine genossenschaftliche Tierhaltung aufgebaut werden, die dann zum

*LPG-Typ3* führen würde. Bei diesem Typ, der sozusagen das Idealbild und Ziel der Kollektivierung überhaupt war, wurde alles eingebracht. Also sowohl alle Nutzflächen, die dann zu großen Schlägen zusammengelegt wurden wie sie teilweise heute immer noch das Landschaftsbild der neuen Bundesländer prägen, als auch totes und lebendes Inventar sowie Wirtschaftsgebäude.

Bis zum Jahr 1975 gab es als Folge politischer wie wirtschaftlicher Bevorzugung nur noch LPGen vom Typ 3.(Klages 2001, S. 111)


Im Gegensatz zum eingebrachten Inventar, was in einem Inventarverzeichnis aufgenommen wurde und dann in genossenschaftliches Eigentum überging, blieben die Eigentumsrechte am Boden grundsätzlich bei den Eigentümern. Die LPGen haben also zum einen volkseigene Flächen bewirtschaftet als auch solche, die Eigentum der Mitglieder waren. Eigenständiges genossenschaftliches Eigentum hat es kaum gegeben. (Klages 2001, S. 109 f.)


Wie bereits erwähnt, wurden bereits 1952 mit den Musterstatuten für die LPG-Typen die ersten Rechtsgrundlagen geschaffen. 1959 trat dann das LPG-Gesetz (LPG-G) in Kraft, welches 1982 noch mal novelliert wurde. Es regelte die rechtliche, politische und wirtschaftliche Stellung der LPG in der sozialistischen Gesellschaft. Aus folgenden Zitaten, die ziemlich am Anfang des LPG-G stehen wird deutlich, dass die LPGen keineswegs als freie landwirtschaftliche Betriebe, sondern vielmehr als Teil der sozialistischen Volkswirtschaft angesehen wurden, als der Teil nämlich, der die Ernährung der Bevölkerung sichern muss. Die Zitate stammen aus der novellierten Fassung des LPG-G von 1982:[12]

§ 1 Abs. 3: *„Die LPG gestaltet ihre gesamte wirtschaftliche Aktivität eigenverantwortlich auf der Grundlage der Beschlüsse der SED und in Übereinstimmung mit den Rechtsvorschriften. "*

Und in § 4 heisst es: *„Die LPGen sind als sozialistische Landwirtschaftsbetriebe Bestandteil der einheitlichen sozialistischen Volkswirtschaft. Sie organisieren ihre wirtschaftliche Tätigkeit auf der Grundlage staatlich bestätigter Pläne...“*[13]

Nun möchte ich kurz anhand der wichtigsten Beiträge, die ihre Mitglieder zu zahlen verpflichtet waren, erklären, wie in der LPG Vermögen entstanden ist.(Bayer 2003, S. 29) Wichtig ist das zum einen aus historischem Interesse, nämlich um zu verstehen, welche Ideen eigentlich hinter der landwirtschaftlichen Organisation in der DDR standen und wie sie durchgeführt wurden. Zum anderen, und das ist für diese Arbeit der bedeutendere Grund, werden wir später auf das Thema zurückkommen müssen, wenn es nämlich um die Vermögensauseinandersetzung zwischen den LPGen und ihren Mitgliedern nach der Wende geht, zu dem Zeitpunkt nämlich, als die genossenschaftlichen Eigentums- und Bewirtschaftungsverhältnisse insoweit geklärt werden mussten als sie bundesdeutschem Recht standhalten sollten. Die im folgenden besprochenen Beiträge mussten von all denjenigen Personen entrichtet werden, die in eine LPG eintraten. Sie dienten der Bildung von genossenschaftlichem Vermögen, das am Ende allen nützen sollte. Es konnte genutzt werden, um Investitionen zu tätigen und den neu entstandenen Großbetrieb aufzubauen.

Neben der einzubringenden Fläche, die weiter oben ja bereits erwähnt ist, mussten all jene Bauern, die Land hatten, welches einzubringen war, einen Pflichtinventarbeitrag zahlen, der sich an der eingebrachten Fläche orientierte, also proportional zur Landeinbringung stieg. Das macht in gewisser Weise Sinn. Je größer die eingebrachte Fläche ist, desto mehr Inventar ist für die Bearbeitung notwendig, also steigt der Inventarbeitrag, der ja der Anschaffung eben dieses Inventars dienen sollte.

---

[12] Bayer, Walter (2003); S. 29
[13] Bayer, Walter (2003); S. 29

Folglich konnten auch eingebrachte Produktionsmittel auf diesen Inventarbeitrag angerechnet werden. Da kommt allerdings ein weiterer sozialistischer Gedanke zum tragen, der nämlich fordert, von denen, die viel haben, zu nehmen und es denen, die wenig haben, zu geben. Geäußert hat sich das in den sogenannten „Abstockungsbeiträgen", die besagten, dass eigene Produktionsmittel, die „den durchschnittlichen Besatz der übrigen Mitglieder" überstiegen, zwar eingebracht werden mussten, jedoch nicht auf den Inventarbeitrag angerechnet werden konnten. Auch diese Regelung war natürlich vor allem zum Schaden der kollektivierten Großbauern.(Bayer 2003, S. 2002 f.) Des weiteren konnten auf der Mitgliederversammlung auch weitere Beiträge beschlossen werden, wenn beispielsweise Investitionen notwendig waren.

Worauf ich aber an dieser Stelle noch mal ausdrücklich hinweisen möchte ist, im LPG-Gesetz festgelegt, dass in der LPG befindliche Werte das genossenschaftliche Eigentum bildeten, was allen Mitgliedern gemeinsam gehörte, jedoch ausdrücklich nicht teilbar war, also nicht mehr den einzelnen Mitgliedern zuzuordnen. Folglich ergaben sich auch aus der Landeinbringung keine Vorrechte gegenüber zuvor mittellosen Mitgliedern. Juristisch war es tatsächlich so, dass alle Angestellten der LPG, wozu beispielsweise auch die Köchin in der Kantine gehörte, Teilhaber am gemeinsamen, also genossenschaftlichen Vermögen waren, welches als Subjekt wiederum der LPG gehörte. Wichtig wurden diese Regelungen erst nach der Wende, da vorher privates Eigentum ohnehin zunehmend an wirtschaftlicher Bedeutung verlor. Weiterhin ist dazu anzumerken, dass in der LPG die Arbeits-, Vermögens-, und Verwaltungsverhältnisse untrennbar miteinander verbunden waren, was insbesondere bedeutete, dass eine Teilhabe ohne gleichzeitiges Arbeitsverhältnis nicht möglich war. Das bedeutet, dass ein Bauer, der sein Land einbringt, jedoch nicht in der LPG arbeitet, keinen Anspruch auf Gewinnbeteiligung oder, wie es heute üblich ist, ein Pachtentgeld hat. Im übrigen war es auch nicht möglich, aus der LPG auszutreten.

Das alles mag aus heutiger Sicht ein wenig befremdlich und vielleicht auch ungerecht klingen, aber ich bin der Meinung, dass das an unserem Rechtsverständnis liegt und das wiederum ist Produkt der Gesellschaft in der wir leben. Und ob Recht in jedem Fall mit Gerechtigkeit einhergeht ist eine Frage, die an anderen Stellen sicherlich ausführlich erörtert werden kann, jedoch möchte ich nur darauf aufmerksam machen, dass die

Ideen des Sozialismus primär darauf zielten, möglichst vielen Menschen ein besseres Leben zu ermöglichen. Man kann die LPGen als Kontrolleure der kommunistischen Herrschaft auf dem Lande sehen, denn als Leiter einer solchen war es durchaus unabdingbar, vorsichtig ausgedrückt, zumindest der Partei nicht negativ aufgefallen zu sein. Jedoch kann man auf der anderen Seite den im Grunde gleichen Sachverhalt sehr viel positiver ausdrücken, wenn man versucht zu verstehen, wie die LPGen das Leben auf dem Lande verändert haben. Sie waren nämlich nicht nur reine Landwirtschaftsbetriebe, sondern schufen vielmehr auch eigene Kindertagesstätten, hatten Werkstätten, Kantinen usw. und wurden in gewisser Weise zum Anlaufpunkt auf dem Dorf. Auch für den Frieden auf dem Lande kann man eine positive Entwicklung darin feststellen, dass die Unterschiede zwischen großen und kleinen Bauern sowie landlosen Arbeitern weitgehend aufgehoben waren und somit Machtkämpfe überflüssig wurden. Und für den einzelnen Bauern, auch wenn er vorher einen gut funktionierenden landwirtschaftlichen Betrieb hatte, ergaben sich gewisse Vorteile aus der Möglichkeit, nun geregelte Arbeitszeiten und festen Urlaub zu haben sowie festen Lohn, der nicht mehr von der Witterung und dem Ernteergebnis abhängig war. Wie man das nun bewerten will sei jedem selbst überlassen, jedoch denke ich, kann man festhalten, dass innerhalb kurzer Zeit die Eigentums- und Bearbeitungsverhältnisse auf dem Gebiet der heutigen neuen Bundesländer sich stark verändert haben, was zu der Situation führte, dass sich im Jahre 1990 zwei komplett verschiedene Bewirtschaftungssysteme der Agrarproduktion in der wiedervereinigten Bundesrepublik Deutschland gegenüberstanden.

**III. Die Zeit nach 1989 und die Neustrukturierung der Landwirtschaft in den neuen Bundesländern**

Am 7. Oktober 1989 begeht Erich Honecker die Feierlichkeiten zum 40. Geburtstag der DDR, bereits am 18. Oktober wird er durch Egon Krenz von der Spitze von Staat und Partei abgelöst. Im November fällt die Mauer. Egon Krenz wird von Hans Modrow abgelöst, der die Übergangsregierung führt, bis im März 1990 die ersten frei gewählten Volkskammerwahlen der DDR stattfinden. Danach leitet die „Allianz für Deutschland" unter Lothar de Maiziere (CDU) die DDR bis zum Beitritt zur BRD am 3. Oktober 1990.

Nicht nur politisch wurde während dieser Zeit und danach das komplette System der DDR verworfen, sondern vor allem musste auch die sozialistische Planwirtschaft den marktwirtschaftlichen Bedingungen angepasst werden. Mir geht es hier um den Grund und Boden, also primär um die Landbewirtschaftung, die ja Teil der sozialistischen Volkswirtschaft gewesen ist. Erst möchte ich das Ende der LPGen und damit verbunden die Vermögensauseinandersetzungen darstellen, wobei sich primär Probleme ergeben mussten bei der Ermittlung des Abfindungsanspruches für Personen, die aus der LPG austreten wollten. Dann werde ich abschließend klären, was mit den volkseigenen Flächen passiert ist und dabei insbesondere auf die nachträglich mögliche Entschädigung der durch die Bodenreform in der sowjetischen Besatzungszone benachteiligten Personen eingehen.

**1. Das Ende der LPG**

Im Jahr 1989 hat es in der DDR 3844 LPGen gegeben mit einer durchschnittlichen Flächenausstattung von 1390 Hektar. Insgesamt waren in der Landwirtschaft etwa 825000 Menschen beschäftigt. Pro Hektar waren das mehr als drei Mal so viele Arbeiter wie in den alten Bundesländern. Da nun die sozialistische Wirtschaft den marktwirtschaftlichen Bedingungen Westeuropas angepasst werden sollte, waren Änderungen notwendig. Das größte Problem waren die Personalkosten, die auf einmal sehr viel mehr Bedeutung erhielten und die ostdeutsche Landwirtschaft nicht konkurrenzfähig machten.(Bayer 2003, S. 1 ff.) Kurzzeitig brach im Jahr 1990 der

Absatz auch total zusammen, was darin begründet lag, dass Waren aus dem Westen importiert und in der DDR verkauft werden konnten und die Menschen keine einheimischen Produkte mehr kaufen wollten, obwohl sich gerade bei landwirtschaftlichen Produkten ja primär die Verpackung unterscheidet.(BVVG Chronik 2002, S. 19 f.)

Im folgenden werde ich die Änderungen der gesetzlichen Rahmenbedingungen erläutern, die den Weg der Umstrukturierungen begleiteten.


### *1.a Der gesetzliche Rahmen*

Noch unter der Regierung Hans Modrow trat im März 1990 eine Änderung des LPG-Gesetzes in Kraft, was gewissermaßen als letztes Gesetz der DDR angesehen werden kann, welches den Fortbestand der LPGen fokussierte, während das nachfolgende Landwirtschaftsanpassungsgesetz den Weg zur Transformation in bundesdeutsches Recht vorgibt. In der Änderung des LPG-G wurde das weiter oben bereits besprochene parteipolitische Diktat der SED aufgehoben, wobei dazu vielleicht anzumerken ist, dass die SED zu dem Zeitpunkt gar nicht mehr existierte. Sie hatte sich im Dezember 1989 aufgelöst und als PDS neu gegründet. Weiterhin konnten die Pflichtinventarbeiträge in „Genossenschaftsanteile" umgewandelt werden, was der Gewinnbeteiligung der Mitglieder dienen sollte. Jedoch wurde noch kein Anspruch auf Rückzahlung festgelegt, jedoch die Möglichkeit gegeben, auf der Genossenschaftsversammlung eine solche Rückzahlung mehrheitlich zu beschließen. Das bedeutet zwar noch keinen kompletten Übergang zur freien Marktwirtschaft, jedoch wird die Unverteilbarkeit des genossenschaftlichen Vermögens erstmalig aufgehoben, das heisst es wird zugestanden, dass das Genossenschaftsvermögen aus dem Vermögen der Mitglieder besteht und ihnen gehört, sie gemeinsam sogar darüber verfügen können.

Natürlich konnte ein solches Recht zum Mehrheitsbeschluss dem bundesdeutschen Rechtsverständnis nicht standhalten. Unter der frei gewählten und von Lothar de Maiziere geführten letzten Regierung der DDR tritt im Juni 1990 das Landwirtschaftsanpassungsgesetz (LwAnpG) in kraft. Dieses Gesetz begründet das Ende der sozialistischen Landwirtschaft und leitet den Übergang der DDR zur Bundesrepublik Deutschland ein. Es wird zur Wiedervereinigung in bundesdeutsches Recht übernommen und in den Folgejahren mehrfach novelliert. In seiner ersten Fassung beinhaltet es zum einen ein Kündigungsrecht für die Mitglieder und gleichzeitig einen Anspruch auf Abfindung. Die Ermittlung der Höhe dieses

Anspruches wird allerdings nur grob umrissen. In jedem Fall ist das ein wichtiger Schritt in die freie Wirtschaft und Grundlage für spätere Novellierungen. Zum anderen werden Vorschriften zur Umwandlung von LPGen in Gesellschaftsformen bundesdeutschen Rechts erlassen. Der Formwechsel ist nur in e.G. möglich, während LPGen sowohl das Recht zur Auflösung und zum Zusammenschluss sowie zur Teilung hatten.[14] Nach der Teilung war auch eine Neugründung in eine beliebige Gesellschaftsform bundesdeutschen Rechts möglich. Ein weiterer Punkt, der das Ende der DDR unterstreicht, ist die Aufhebung des LPG-G zum 31.12.1991. Jedoch sollten alle Regelungen, die dem LwAnpG widersprachen ab sofort nicht mehr gelten.(Bayer 2003, S. 4) Man kann das LwAnpG also in gewisser Weise als Nachfolger des LPG-G betrachten, welches die Auflösung und die Vermögensauseinandersetzungen der LPGen rechtlich leitet.

Mit der Wiedervereinigung im Oktober 1990 wird das LwAnpG in bundesdeutsches Recht übertragen und 1991 zum ersten Mal novelliert. Dabei wurden einige wichtige Punkte eingefügt. Die möglicherweise größte Tragweite hatte die Aufhebung des Kündigungsschutzes aus dem LPG-G, welcher aber unter marktwirtschaftlichen Bedingungen nicht mehr zu vertreten war und die effektive Sanierung der Betriebe unmöglich machte. Gleichzeitig wurden konkrete Regelungen zur Ermittlung des Abfindungsanspruches scheidender Mitglieder geschaffen, auf die ich noch genauer eingehen werde. Das Problem war vor allem, dass bei den Genossenschaftsversammlungen zwar Abfindungsansprüche beschlossen werden konnten, die Landeinbringer aber oft weniger als 20% der Mitglieder stellten, was ihnen eine demokratische Durchsetzung ihrer Interessen unmöglich machte. An diesem Zeitpunkt, denke ich, kann man die Trennung zwischen ehemaliger genossenschaftlicher Nutzung und der Privatwirtschaft festmachen. Die Aufhebung der Unterschiede zwischen Landeigentümern und Landlosen, armen und reichen Bauern, die in der DDR durch die Kollektivierung weitgehend aufgehoben worden waren, wurde nun wieder rückgängig gemacht.

---

[14] eG = eingetragene Genossenschaft

Als weiterer wichtiger Punkt der ersten Novellierung wird der Formwechsel zwar in jede Gesellschaftsform bundesdeutschen Rechts ermöglicht, jedoch auch bis zum 31.12.1991 vorgeschrieben. Wird die Frist nicht eingehalten, muss die LPG per Gesetz liquidiert werden. Also gab es ab 1992 in der BRD keine einzige LPG mehr. Diese Rechtsform hatte es allein in der DDR gegeben.(Bayer 2003, S. 5 f.)

### *1.b Problematik der oft fehlerhaften, aber eingetragenen Umwandlung*

Wenn wir uns klarmachen, dass die Novellierung des LwAnpG im Jahr 1991 erfolgte, wird deutlich, dass für die Umwandlungen ein erheblicher Zeitdruck entstand. Der wiederum kann zu einem großen Teil dafür verantwortlich gemacht werden, dass am Ende viele der Umwandlungen nicht korrekt abgewickelt, aber trotzdem eingetragen waren. Beispielsweise in Thüringen ist die Hälfte der Anträge auf Umwandlung erst im vierten Quartal des Jahres 1991 eingereicht worden. Wären vom zuständigen Registergericht zu diesem Zeitpunkt noch Korrekturen gefordert worden, wäre ihre Umsetzung nicht mehr bis zum Ende des Jahres möglich gewesen. Folglich hätte die Umwandlung nicht zum ersten des nächsten Jahres eingetragen werden dürfen, was die Liquidierung der LPG per Gesetz zur Folge gehabt hätte. Wahrscheinlich aufgrund dessen sind viele Umwandlungen trotz unvollständiger oder fehlerhafter Unterlagen eingetragen worden. Trotzdem ist der Versuch unternommen worden, im Rahmen eines Forschungsprojektes herauszufinden, wie viele der eingetragenen Umwandlungen fehlerhaft waren. Dabei wurde festgestellt, dass nahezu alle Umwandlungen in irgendeiner Weise fehlerhaft verlaufen sind, meist weil geforderte Unterlagen fehlten. So konnten die Registergerichte faktisch nicht über eine korrekte Umwandlung befinden. Dieser Umstand wurde im Dezember 1991 durch die zweite Novellierung des LwAnpG juristisch legitimiert. Sie erlaubte das Nachreichen von Unterlagen zum Antrag auf Umwandlung noch über den 31.12.91 hinaus. In 80% der Fälle fehlte ein vorgeschriebener separater Nachweis über die Zustimmung der Landeinbringer zur Umwandlung. Allerdings ist anzumerken, dass die Liquidation wohl auch für diese Gruppe die schlechtere Alternative gewesen wäre. Zusammenfassend denke ich, kann man sagen, das eigentliche Problem war der Zeitdruck, dem der Gesetzgeber die Umwandlungen ausgesetzt hatte. Ein gemächlicherer Übergang der sozialistischen Wirtschaftsordnung in die markwirtschaftliche wäre vielleicht weniger fehlerhaft, vielleicht gerechter verlaufen. (Bayer 2003, S. 14 f.)

*1.c Vermögensauseinandersetzung und Abfindung scheidender Mitglieder*

Mit dem Recht, aus der LPG auszutreten, musste verständlicherweise ein Abfindungsanspruch ermittelt werden. Dabei war die Rückgabe von Boden und Hofstellen weitgehend unproblematisch, da die Flächen im Grundbuch noch erfasst waren. Wie bereits erklärt, waren die LPGen keine Kapitalgesellschaften, sondern gehörten allen Mitgliedern anteilig, mussten also im Falle einer Auflösung an alle Mitglieder verteilt werde. Um nun den Abfindungsanspruch eines einzelnen scheidenden Mitgliedes zu ermitteln, wurde davon ausgegangen, dass alle Mitglieder den Betrieb verlassen würden und er somit komplett verteilt werden müsste. Also wurde der Gesamtwert ermittelt, der sich aus Inventar, Kapital, Schulden und Verbindlichkeiten zusammensetzt. Die drei Faktoren der Wertschöpfung, Kapital, Boden und Arbeit, wurden auf den ermittelten Gesamtwert aufgeteilt. Also wurde eingebrachter Boden, eingebrachtes Kapital wie Maschinen oder Inventarbeitrag, sowie die erbrachte Arbeitsleistung in dem Betrieb nachträglich vergütet. Dafür gab es zum einen festgesetzte Beträge[15] und auch eine Rangfolge in der Gewichtung der einzelnen Faktoren. Zum anderen wurde, wenn der Gesamtwert der Abfindungsansprüche den Wert des Eigenkapitals der LPG überstieg, anteilig gekürzt. Wenn andersrum der Wert des Eigenkapitals der LPG den Gesamtwert der Abfindungsansprüche überstieg, gab es eine festgesetzte Vergütung, jedoch nur bis zur Höhe von 80% des Eigenkapitalüberschusses. Diese Regelung sollte der Stärkung der LPG-Nachfolgeunternehmen dienen.(Bayer 2003, S. 6 f.)


Nun ergaben sich auch hierbei einige Probleme, die noch Jahre später Streitthema waren. Ein Hauptproblem war die Ermittlung des Eigenkapitals der LPG, denn das bestand wie gesagt nicht nur aus Kapital, sondern vor allem aus Inventar. So musste der Wert geschätzt werden, was zwei Probleme aufwarf. Der Wert wurde nach dem Verkehrswert bemessen, also nach dem momentanen Verkaufswert.(Luft 1997, S. 19) Der aber war für viele der DDR-Maschinen nach der Wende niedrig, niedriger als der Ertragswert. Außerdem nützten niedrige Schätzungen, also ein nach unten korrigierter Wert des Eigenkapitals, dem LPG-Nachfolgeunternehmen, weil die unterschlagene Summe im Unternehmen blieb.(Bayer 2003, S. 6 f.) Um sich zu bereichern mussten

---

[15] z.B. 2 DM pro Bodenpunkt, Jahr und Hektar eingebrachten Bodens

nun also die ehemaligen LPG-Chefs (oder andere) im Unternehmen bleiben und die anderen Teilhaber mit möglichst geringen Abfindungen loswerden. (Spiegel 24/1995) Nach dem Forschungsbericht von Walter Bayer ist die Mehrzahl der Abfindungen nicht korrekt abgewickelt worden, was dazu führte, dass sich die LPG-Nachfolgeunternehmen auf Kosten der ausscheidungswilligen Mitglieder bereichert haben.(Bayer 2003, S. 11) Möglicherweise waren diese Bereicherungen auch ein Grund für das schnelle Erstarken der Landwirtschaft in Ostdeutschland nach der Wende. Nachdem nämlich die Betriebe saniert waren, entwickelten sie sich zu hochprofitablen Agrarunternehmen, was dazu führte, dass die Landwirtschaft der wirtschaftliche Sektor ist, der die Wende am besten überstanden hat.

Immer wieder hat es Proteste kleiner Bauern, die sich bei der Abfindung ungerecht behandelt fühlten, aber auch juristische Bedenken gegeben. Im Jahr 1996 wurde das LwAnpG ein weiteres mal novelliert, wobei das Kernstück dieser Novellierung letzten Endes abgelehnt worden ist. Es sollte ein „Sammelverfahren" ermöglichen.(Bayer 2003, S. 40 ff.) Dabei sollten in einem Verfahren alle Streitfragen zur Ermittlung des abfindungsrelevanten Eigenkapitals geklärt werden. Das Antragsrecht auf Verfahrenseröffnung sollte LPG-Mitglieder, aber auch landwirtschaftliche Interessenverbände haben, während die Kosten des Verfahrens unabhängig von dessen Ausgang zu Lasten des LPG-Nachfolgeunternehmens gehen sollten. Diese Regelungen hätten sicherlich die ausgeschiedenen Mitglieder insgesamt begünstigt, aber auch mehr Gerechtigkeit geschaffen. Jedoch bestand vielfach die Befürchtung, eine solche Regelung würde die gerade wiedererstarkte ostdeutsche Landwirtschaft wieder schwächen. Die Diskussion darüber ging damals durch die Presse, doch letztlich wurde die Gesetzesänderung quer durch die Parteien und Verbände abgelehnt. Man kann zynisch anmerken, dass die kleinen Bauern vielleicht einfach mal wieder keine starke Interessenvertretung gehabt haben. Möglicherweise aus diesem Grund wurde in den neuen Bundesländern der Deutsche Landbund gegründet als Vertretung der kleinen Bauern.[16] Er hat 12000 Mitglieder und sieht sich als Gegenstück zum Deutschen Bauernverband, der ihrer Auffassung nach eher die Großbauern vertritt.

---

[16] Spiegel (24/1995)

Der Deutsche Landbund schätzt die Summe, die bei den Vermögensauseinandersetzungen unterschlagen wurde, auf 20 Milliarden DM. Solche Schätzungen sind nicht nachzuprüfen, da, wie oben erläutert, die Bestimmung des Wertes unheimlich schwierig war und auch subjektiv sein musste.

### Das Beispiel der LPG Aschara

Abschließend zum Thema Vermögensauseinandersetzung möchte ich noch ein Beispiel erklären, das 1997 in einem Spiegelartikel erschienen ist.[17] Es geht um die LPG Aschara, einem Ort etwa 40 Kilometer von Erfurt in Thüringen. Klaus Kliem war zu DDR-Zeiten Vorsitzender der LPG-T Aschara und tat sich mit Karl-Heinz Bodenstein, Vorsitzender der LPG-P in Aschara, zusammen. Ende 1990 beriefen sie eine Mitgliederversammlung ein, an der alle ungefähr 1000 Mitglieder der vereinigten LPG teilnahmen und den Beschluss zur Umwandlung in die Agrar-, Produkt- und Handels-GmbH & Co KG fassten. Der Wert des Unternehmens soll etwa 20 Millionen Mark betragen haben. Klaus Kliem und Karl-Heinz Bodenstein leiteten das Unternehmen. 931 Bauern traten als Kommanditisten bei. Sie alle waren Miteigentümer des Unternehmens. Um nun den Gewinn zu vergrößern, musste ihre Anzahl verringert werden. Dazu bediente man sich professioneller Hilfe aus dem Westen, denn nicht nur die kleinen Bauern, sondern auch die ehemalige Elite musste sich im neuen Rechtssystem erst einmal zurechtfinden. Der Anwalt Olaf Börner aus Kassel, Sohn des ehemaligen hessischen Ministerpräsidenten Holger Börner, schrieb im Sommer 1992 einen Brief an alle 931 Kommanditisten, in dem es heisst, *„es sei nicht sicher, ob das Geld der Kommanditisten in fünf Jahren noch in vollem Umfang zur Verfügung stehe, da es der ostdeutschen Landwirtschaft sehr schlecht ginge. Auch sei es durch eine Satzungsänderung zu der Situation gekommen, dass die Kommanditisten zukünftig auch mit ihrem Privatvermögen für das Unternehmen haften würden."*

Dieses Argument klingt ungeheuerlich in Anbetracht der Tatsache, dass es juristisch nicht möglich ist, Kommanditisten zur Haftung über ihre Einlage hinaus heranzuziehen. Zur Folge hatte diese Argumentation, dass 857 Kommanditisten ausschieden und der Betrieb somit den wenigen verbliebenen gehörte. Drei Kommanditisten jedoch fielen durch die Höhe ihrer Einlage auf. Klaus Kliem mit 609000 Mark, Karl-Heinz Bodenstein mit 180000 Mark und Bernhold Helbing, einst stellvertretender SED-Kreisvorsitzender in Bad Langensalza, mit 51000 Mark. Im Jahr 1995 war Klaus Kliem

---

[17] Spiegel; (33/1997)

Präsident des Thüringer Bauernverbands. Der Spiegelartikel vertritt die These, dass die alte Elite auf dem Land, die LPG-Vorsitzenden und Parteifunktionäre , auch nach der Wende wieder die Elite auf dem Land ist, jetzt nicht mehr nur mächtig, sondern auch reich.

## 2. Die Entwicklung der volkseigenen Flächen nach 1989

Nachdem wir nun betrachtet haben, wie sich die kollektivierte Landwirtschaft dem bundesdeutschen Recht und der Marktwirtschaft angepasst hat, möchte ich aufzeigen, wie mit dem Volkseigentum verfahren wurde und wird. Da waren Flächen, die schon vor dem Krieg dem Staat gehört hatten, Flächen der Menschen, die im Zuge der Bodenreform enteignet worden waren und teilweise Flächen von denjenigen Bauern, die ihr Land verlassen haben, meist um in der BRD zu leben. Das Land wurde zum einen von volkseigenen Betrieben bewirtschaftet und war zum anderen in Nutzung durch LPGen, teils als Volkseigentum und teils als eingebrachte Flächen, deren Eigentümer Begünstigte der Bodenreform waren. So mussten verschiedene Interessen und Ziele verfolgt werden. Der Staat wollte sich aus der wirtschaftlichen Tätigkeit in der Landwirtschaft zurückziehen und eine vielfältige und wettbewerbsfähige Landwirtschaft im Osten Deutschlands schaffen.(Klages 2001, S. 119) Außerdem wurde nun eine Lobby von ehemaligen Großgrundbesitzern laut, die für zurückliegende Enteignungen in der sowjetischen Besatzungszone Entschädigungen forderten, teilweise auch Rückgabe der Flächen.

### *2.a Der gesetzliche Rahmen*

Auch hier können wir unterscheiden zwischen der Zeit der Liberalisierung innerhalb der DDR und des sozialistischen Systems, nämlich der Zeit der Regierung Modrow bis zur Volkskammerwahl am 18. März 1990 und der darauf folgenden Regierung de Maiziere, die den Übergang in die BRD bewerkstelligte. Im März 1990 traten noch unter der Modrow-Regierung zwei hier relevante Gesetze in Kraft. Das *Gesetz über die Übertragung volkseigener Flächen in Nutzung durch LPG an ebendiese*. Es wurde jedoch zur Währungsunion (1.7.90) wieder aufgehoben, da die einseitige Bevorzugung der LPGen beim Flächenerwerb, zwar mit dem Ziel, die Kollektive zu schützen, den Regeln des freien Wettbewerbs nicht standhalten konnte.

Zeitgleich wurde das *Gesetz über die Rechte der Eigentümer von Grundstücken aus der Bodenreform* erlassen, welches diesen nun endlich volle Eigentumsrechte einräumte, also sowohl die private Nutzung als auch den Verkauf ermöglichte.(Klages 2001, S. 120)

Dieses Gesetz hatte unter anderem auch zur Folge, dass Land, welches enteignet worden war, nun nicht mehr Volkseigentum war und somit nicht mehr zurückgegeben werden konnte. Die Forderung der Rückgabe bestand nämlich immer wieder, nicht nur im Bereich der Landwirtschaft, und im September 1990 tritt das Gesetz zur Regelung offener Vermögensfragen in Kraft, also noch unter der frei gewählten Regierung der DDR. Dieses Gesetz hat zum Grundsatz: *„Rückgabe vor Entschädigung".*[18] Jedoch war das Land, um welches es hier geht, an anderer Stelle ausdrücklich von diesem Grundsatz ausgenommen worden, nämlich im Einigungsvertrag der beiden deutschen Staaten. Darin heißt es:

*„Die Enteignungen auf besatzungsrechtlicher beziehungsweise besatzungshoheitlicher Grundlage (1945-49) sind nicht mehr rückgängig zu machen."*[19]

Daraufhin folgten Klagen von ehemaligen Großgrundbesitzern, bis hin zum Verfassungsgericht mit der Ansicht, diese Passage sei nicht verfassungskonform. Das Bundesverfassungsgericht hat jedoch bereits zwei mal die Verfassungsmäßigkeit dieser Passage bestätigt (1991 und erneut 1996).


### 2.b Die Frage der Entschädigung

Unter der Regierung Modrow wurde die „Anstalt zur treuhänderischen Verwaltung des Volkseigentums-Treuhandanstalt" (THA) gegründet. Sie sollte in ihrer ursprünglichen Funktion das Volkseigentum schützen und bewahren. Jedoch forcierte bereits die Regierung de Maiziere Überlegungen zur Privatisierung. Im August 1990 wird die THA Eigentümerin der Flächen.(Klages 2001, S. 125 f.)

1992, also angekommen in der Bundesrepublik, wird die „Bodenverwertungs- und – verwaltungsgesellschaft mbH" (BVVG) gegründet. Sie erhält die Flächen der THA mit dem Auftrag zur Verwaltung und Privatisierung.

---

[18] Klages, Bernd (2001); S. 123
[19] ebd.

Das schwierige ist anfangs vor allem die Zuordnung der Flächen. Es handelt sich um ungefähr 1,5 Millionen Einzelflächen, meist in Nutzung durch Großbetriebe und ohne eigene Zuwege und Markierungen. (BVVG Chronik 2002, S. 17)


### *Das Entschädigungs- und Ausgleichsleistungsgesetz (EALG)*

Im Jahr 1994 wurde dann das „Entschädigungs- und Ausgleichsleistungsgesetz" (EALG) erlassen, welches vor allem die Entschädigung der enteigneten Großbauern gewährleisten sollte, die ja per Einigungsvertrag keinen Anspruch auf Rückgabe ihrer Ländereien hatten. Dabei wird als erstes die Höhe des Anspruches auf Entschädigungs- und Ausgleichsleistungen errechnet, die sich nach dem dreifachen Einheitswert der enteigneten Ländereien von 1935 bemisst. Bereits erhaltene Lastenausgleichsbeträge werden davon abgezogen und für den verbleibenden Wert können die Betroffenen dann vergünstigt Flächen von der BVVG erwerben. Grundsätzlich gibt es Höchstgrenzen für den Flächenerwerb, nämlich 6000 Bodenpunkte, was bei einem Boden mit 50 Bodenpunkten 120 Hektar ergibt. Eine Sonderregelung gibt es für diejenigen Alteigentümer, die zwar Land erwerben wollen, jedoch nicht selbst darauf wirtschaften. Sie dürfen nur die Hälfte des ihnen als Ausgleichsanspruch zustehenden Landes vergünstigt erwerben und dabei die halbierte Obergrenze von 3000 Bodenpunkten nicht überschreiten. Außerdem sind sie verpflichtet, das Land für mindestens 18 weitere Jahre an den derzeitigen Bewirtschafter zu verpachten.


Das EALG soll aber auch die Landwirtschaft in Ostdeutschland insgesamt fördern und so sind auch andere Menschen als ehemalig enteignete Großgrundbesitzer zum verbilligten Kauf durch die BVVG berechtigt. Das sind im einzelnen Neueinrichter, Wiedereinrichter und juristische Personen, wenn sie die betreffende Fläche zum Stichtag 1.10.1996 für mindestens sechs Jahre von der BVVG gepachtet haben. (Klages 2001, S. 190 ff.)

Ermittelt wurde der verbilligte Verkaufswert der Flächen anhand des dreifachen Einheitswertes des Jahres 1935. In jedem Fall gab es ein 20 jähriges Veräußerungsverbot. Aufgrund von Kritik seitens der EU wegen Wettbewerbsverzerrungen, wird heute der Verkehrswert ermittelt und davon 35% abgeschlagen.[20]

---

[20] BVVG: http://www.bvvg.de/internet/internet.nsf/vBroInfo/dPDFFragenzumFlaechenerwerb/$File/ealg.pdf (zuletzt gesehen am 15.2.2005)

Es hat viele Diskussionen gegeben darüber, warum das Bodenreformland im Einigungsvertrag von dem Grundsatz „Rückgabe vor Entschädigung" ausgenommen worden ist, weil das nach Ansicht vieler Menschen dem Grundgesetz der BRD widerspricht. Zu den Gründen für die Übernahme dieser Klausel in den Einigungsvertrag gibt es viele Meinungen. Eine vielleicht eher provokative ist, dass die Bundesregierung mit den Erlösen aus dem Verkauf des volkseigenen Bodens die Wende finanzieren wollte. Immerhin, eigenen Angaben zufolge hat die BVVG bislang rund 2,5 Milliarden Euro für den Bund erwirtschaftet.[21]

---

[21] BVVG Geschäftsbericht 2003, S.32 f.

# IV  Schluss

Offen bleiben muss die Frage nach Gerechtigkeit. Sowohl die Enteignungen in der Sowjetischen Besatzungszone und die Kollektivierung in der DDR, die auch als Zwangskollektivierung bezeichnet  wird, als auch die hoch gepriesene Freiheit und Gerechtigkeit der Bundesrepublik Deutschland und der Umgang mit Eigentum im Osten Deutschlands, aber auch mit den Menschen, nach der Wende und bis heute, sind nach wie vor immer wieder Streitthemen. Irgendwann werden die Narben verheilen und die neuen Besitzverhältnisse als rechtens und gegeben hingenommen werden. Und irgendwann wird auch das neue Rechtssystem wieder abgelöst. Doch unabhängig von jeder Wertung halte ich es für wichtig, die Vergangenheit und die Entstehung heutiger Strukturen zu kennen, auch um die betroffenen Menschen zu verstehen.

Der Strukturwandel in Ostdeutschland vollzieht sich nach wie vor, weg von den großen, genossenschaftlich oder als Kapitalgesellschaft bewirtschafteten Betrieben, hin zu kleineren Familienbetriebsstrukturen. In den alten Bundesländern vollzieht sich dieser Trend in die andere Richtung. Vielleicht kann man davon ausgehen, dass sich die Betriebsstrukturen, insbesondere was die Größe angeht, im Laufe der Zeit einander anpassen werden, ökonomisch betrachtet bis zu dem Punkt, der die unter gegebenen Voraussetzungen beste Wirtschaftlichkeit erreichen kann.

Abschließen möchte ich mit ein paar Zahlen aus dem Jahr 2003:

In den neuen Bundesländern gibt es insgesamt etwa 23 500 Betriebe, darunter 8400 Betriebe im Haupterwerb und 15 000 im Nebenerwerb. Die durchschnittliche Betriebsgröße beträgt etwa 60,3 Hektar, was immer noch mehr ist als in Schleswig-Holstein, was unter den westlichen Bundesländern die großflächigste Struktur aufweist mit einer Durchschnittsgröße von 53,3 Hektar. Der Durchschnitt für Westdeutschland liegt bei nur etwa 28,3 Hektar. Es gibt im alten Bundesgebiet 364 100 Betriebe, darunter 166 300 Betriebe im Haupterwerb und 197 800 Betriebe im Nebenerwerb.[22]

---

[22] http://www.verbraucherministerium.de/data/000636EF5B561051B4E46521C0A8D816.0.pdf (zuletzt gesehen am 5.3.2005)

# V. Literaturverzeichnis

Bauerkämper, Arnd: Die Bodenreform in der sowjetischen Besatzungszone in vergleichender und beziehungsgeschichtlicher Perspektive, in: Bauerkämper, Arnd (Hg.): „Junkerland in Bauernhand"? – Durchführung, Auswirkungen und Stellenwert der Bodenreform in der Sowjetischen Besatzungszone, Franz Steiner Verlag Stuttgart, 1996

Bayer, Walter (Hg.): Rechtsprobleme der Restrukturierung landwirtschaftlicher Unternehmen in den neuen Bundesländern nach 1989 – Abschlussbericht des DFG-Forschungsprojekts, De Gruyter Verlag Berlin, 2003

BVVG-Chronik; Münch, Rainer u. Bauerschmidt, Reinhard: Land in Sicht – Eine Chronik der Privatisierung des ehemals volkseigenen Vermögens der Land- und Forstwirtschaft in den fünf neuen Bundesländern, BVVG Bodenverwertungs- und .verwaltungs GmbH Berlin, 2002

Henning, Friedrich-Wilhelm: Landwirtschaft und ländliche Gesellschaft in Deutschland , Bd.2 1750 bis 1986, 2. Auflage, Ferdinand Schöning Verlag Paderborn, 1988

Klages, Bernd: Die Privatisierung der ehemals volkseigenen landwirtschaftlichen Flächen in den neuen Bundesländern, Shaker Verlag Aachen, 2001

Krebs, Christian: Der Weg zur industriemäßigen Organisation der Agrarproduktion in der DDR – Die Agrarpolitik der SED 1945-1960, Forschungsgesellschaft für Agrarpolitik und Agrarsoziologie Bonn, 1989

Luft, Hans: Landwirtschaft Ost kontra Treuhandmodell, Dietz Verlag Berlin, 1997

Paffrath, Constanze: Macht und Eigentum – Die Enteignungen 1945-1949 im Prozeß der deutschen Wiedervereinigung, Böhlau Verlag Köln, 2004

Spiegel, Der: „Belogen und Betrogen", Ausgabe 24/1995

Spiegel, Der: „Ein Segen für unser Land", Ausgabe 33/1997